保護ねこ物語

モン・ハル・クウ・ミア・ユキ・ウミ・タマとの日々

春花ママ+ジョジー
瀬川千秋［訳］

さくら舎

保護ねこ家族

ハルママ

動物のことばを解す
アニマル・コミュニケーター。
迷子のモンを保護してから
ねこのとりこに。
日々、ねこから学び、人よりねこと
話している時間のほうが長い

モン

ハルママを
とりこにした
超マザコンの
長男

ハル

ボスタイプで、
兄弟姉妹を
仕切る
頼もしい次男

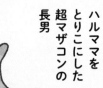

クウ
穏やかで
優雅な
美形の長女
ミア
ちょっと
ヘソ曲がりな
メンクイの次女
ユキ
見た目は
愛くるしいが
しっかりものの末娘

ウミ
時どき、いぬっぽい
行動をする三男
タマ
ハルのすすめで
迎え入れた
大人な養女
ハニー
「あたしは
いぬよ！」
が口癖の
いぬの女の子

預かりねこたち
ミカン
ハルママの友人に引き取られた男の子。クウに片想い
大福
ハルママがアニマル・コミュニケーターを志すきっかけとなった男の子
チロ
ノラで生涯を終えたが、人間の家族に愛された少女ねこ
ウーロン茶
ハルママがシェルターから預かった幼ねこ
マッ茶
ミルク茶

もくじ

Chapter 1
ねこもそれぞれだよ

Chapter 2

好きだよ！ 嫌いだよ！

Chapter 3

ハルママと新ねこ

Chapter 4

お茶三姉妹・大福・チロ

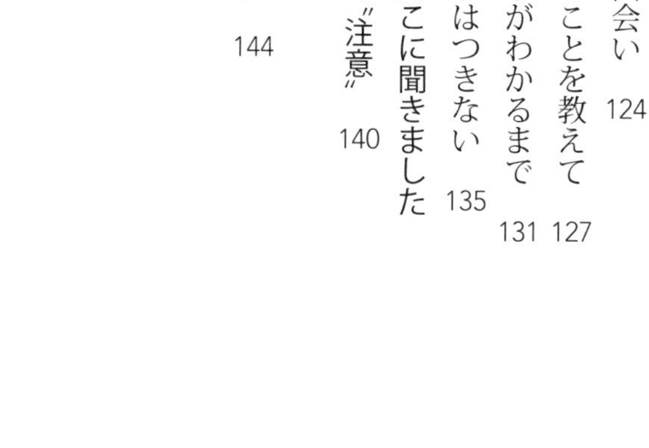

保護ねこ物語

モン・ハル・クウ・ミア・
ユキ・ウミ・タマとの日々

Chapter 1

ねこもそれぞれだよ

おいらの才能
ティータイム
友だちは才能のある人ばかり
うらやましいな
取りえは人それぞれうらやむことないさ
ハル ねこはどうなの?
やっぱそれぞれだよ

モンは甘え上手母ちゃんより
ケンカもうまい
クウはしとやかで美形
母ちゃんより
ミアは恋愛経験豊富で社交的母ちゃんより
ユキは愛くるしい
母ちゃんより…

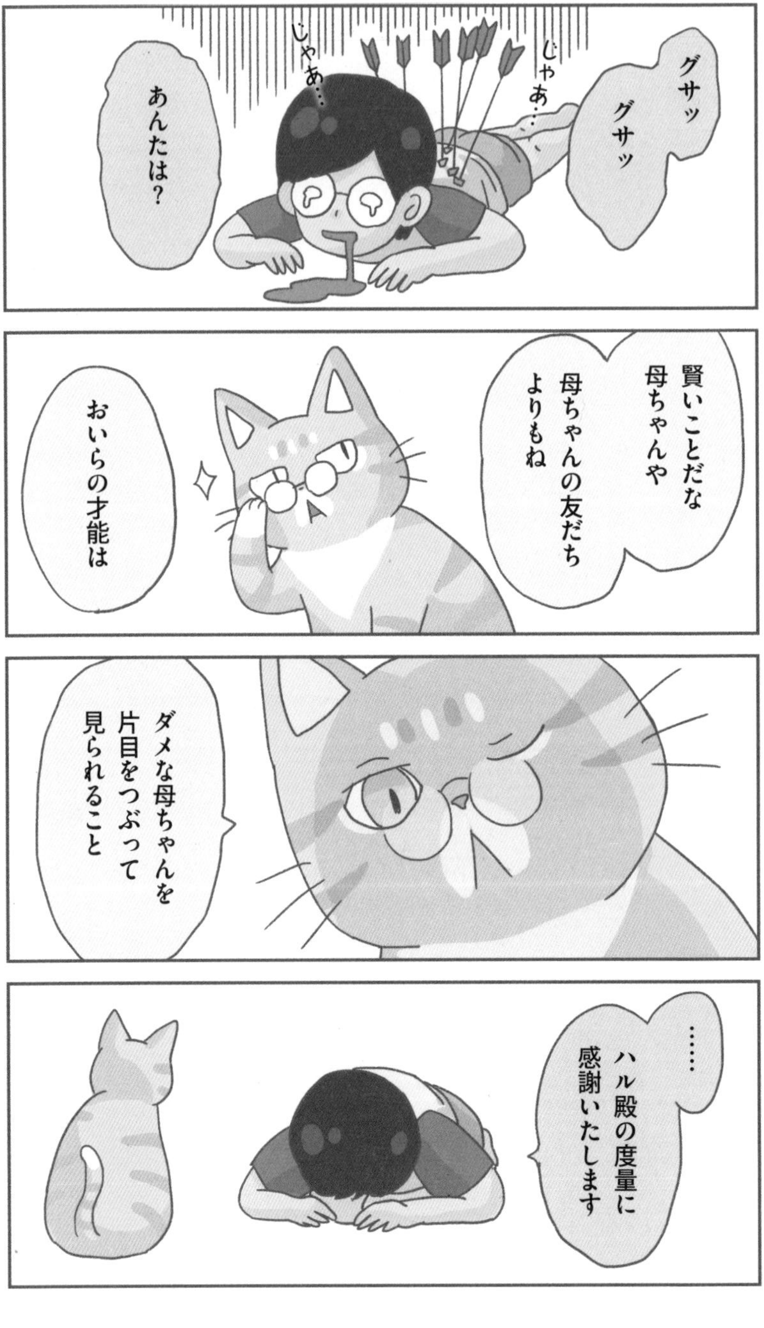
グサッ
グサッ
じゃあ…
じゃあ…
あんたは？
賢いことだな
母ちゃんや
母ちゃんの友だち
よりもね
おいらの才能は
ダメな母ちゃんを
片目をつぶって
見られること
……
ハル殿の度量に
感謝いたします

それぞれの居場所
アニマル・コミュニケーターになって気づいたの
パパママは十分に愛情を注いでるのに
この家にいていいのかと感じてるいぬやねこがいる
自分は邪魔なのかもって
縮こまってるのよね？
パパママを押しのけて
自分で居場所をつくればいいじゃん

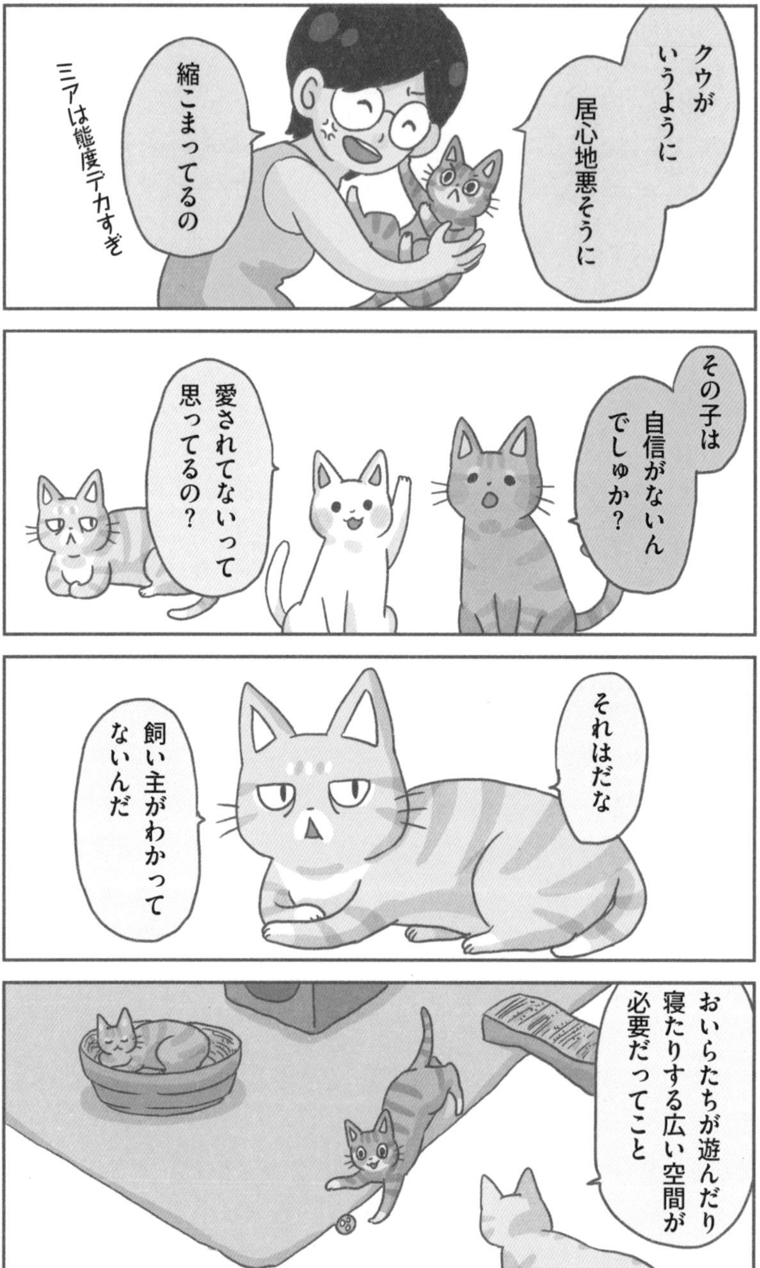
クウがいうように居心地悪そうに
縮こまってるの
ミアは態度デカすぎ
その子は自信がないんでしゅか?
愛されてないって思ってるの?
それはだな
飼い主がわかってないんだ
おいらたちが遊んだり寝たりする広い空間が必要だってこと

寝るときは気ままにくつろげる空間がほしい
あと飼い主自身が幸せじゃないと
やっぱり居心地が悪い
おいらたちは家族だから連動してるんだ
ハル、いいこといった
おいらは膝の上が嫌い覚えてくれろ！

退化した？
う〜〜　さぶい
ある冬の日
なんでモフモフしてないのさ
人類は体毛が退化したからよ
一緒に脳みそも退化したんすね
いつも私を馬鹿にする
コミュニケーションをとってるんすよ
……

おやつルール
ミカンのお泊まりはいつも　おやつ持参
FOR CAT
どっさり
わが家は基本間食させない
隠しとこ
おやつも出ないなんて君んち貧乏なんだね
手づくり
はー　おやつほしいよー
ミカンちはおやつあるの？お金持ち〜！
…
ウソつくな！さっきこっそりジャーキーあげたでしょ！
ほかのおやつもほしい
なんで全員に分けないんすか！
……
聞いてたの

レモンの目
無口なウミは　ときどき
びっくりすることをいう
ジュー
ウミのお目目は
きれいな
レモンイエロー
だね
……
ぼくの目も
絞るつもり？
まさか！
こわすぎる

家ねこの証
ウミ
クウ
ウミ！　なに　この食べ方？
きれいに食べなさい
家ねこになった証だよ
ノラ時代は骨までしゃぶってた
ウミったら…
叱れないじゃない
スタ
スタ

もしも死んだら
ありがとう…
いいえ　気を落とさないでね
アニマル・コミュニケーターをしていると　わが子との死別について
話題を避けたがるパパママに会う
お別れは悲しいし
不吉な話題だから
避けたい気持ちはよくわかるわ

避ければ死なないいんすか？
ん？
スタッ
無理に話す必要はないわ
ほら　ハニーは人間の心理がわかってる
……
ハニーもいつか死ぬんすよ？
う　うん
母ちゃんはハニーが恋しくて
家中　ハニーだらけ

そうよ あたしを 愛してるから
死んでも 愛してくれる じゃ 死別のどこが 悲しいのさ
ハルってほんとに ドライなんだから
情ってものが ないの？
事実をいってる だけっす
死ななけりゃ 化けねこだ
うぐぐ…
じゃあ
ハルは自分が死んだら どうしてほしいのよ

母ちゃんがしたいように
すればいい！
メソメソしないでくれろ！
キッパリ！
ほかのみんなは？
やせっぽちで小さかった
ぼくちんを
覚えていて
ほしいニャ
こういう答えが
聞きたかったのよ
木の根元に埋めてね
いつか木に同化して
いつもママンを
見ていられるように

あたちは死なない！
ミアが不死身ならママもうれしいよ
死んだら　ぼくは兄貴になれない
生きててもなれないのよ
あたしは海に流してほしい
そしたら広い広い海の水にとけてしまうわよ
からだはなくなるけど
世界じゅうの海に散らばって いつかママの一部になるの
あたしが最初かな
さよならするのは ママは自分を責めないでね

タマ　今日まで
腎臓病と闘って
きたじゃない
この先も
生きるのよ！
ママには
感謝してる
次は自由に
空を飛びたいな
鳥の背中に
乗って
遠くへ行きたい
別れの形に
正解はないわ
パパやママには動物
たちとの別れについて
考えてほしい

にゃんこに
聞きました
出勤ってなに？
「にゃんこに聞きました」の時間です
番組では知られざるねこの気持ちを探っていきます
こんばんは
エヘヘ
こんばんはー
いちばんの美ねこよ
ウミ
ユキ
ミア
タマ
ようこそゲストのみなさん
みなさんには本音をたっぷり語っていただきます
老若男女いるっすよ
よろしくでしゅ
ハル
モン

本日のテーマは…
出勤ってなに？
なんなのだワン？
ママはあのドアに飲まれると　夜まで戻ってきません
質問者
ニャン助
何してるんですか？
にゃんこに聞きました
ゲストのみなさん"出勤"をご存じですか？
知ってる方！
出勤は出勤っす
簡単なクイズだな
ハル
お出かけのこと？
モン

どんなに長くても
帰ってくればいいんだ
ウミ
クウ姉ちゃんが
いれば大丈夫
ユキ
行けば～
あたち一人で平気だし
ミア
……
非常に個性的な
ゲストさんたちですね
本題から
ずれてる
では
気を取り直して
サッ
出勤前
ねこにどうしたら
いいでしょう？
帰宅時刻を
伝えるとか
おやつを
あげるとか

チン！
はい！タマさんどうぞ！
タマ
長いお出かけになるなら
ほかの人にお世話を頼んだり外に放してほしい
なるほど
あたしたちにはママンしかいないから
本当いうと出かけないでほしいの
クウ
ジ〜〜〜ン
でもわが家は…
私の外出を気に留めない子が多そうね
シクシク
帰ってから
ご飯くれればいいんだワン
はあ

Chapter 2

好きだよ！嫌いだよ！

さかなとおしゃべり
ねこが水分不足にならないように水槽を置いている
ハルとさかなの会話
@#$%〈&*（
ペチャクチャ
@#$%〈&*（
さかなともおしゃべりできるの？
ピチャ
ピチャ
ユキとクウも水槽が大好き
ミアだけがさかなと距離を置いていた
喜ぶと思ったんだけど
乙女心は読めないわ～

ある日
パシャ
パシャ
え!?
きゃ！
助けて
苦しい
なにこれ！
これがミアの水の飲み方？
どういうことよ！
外に出たいっていうから
出たいって？さかなが？水草が？
さかなが
自由にしてくれ〜

水がないと死んじゃうの知ってるでしょ
知らない！ でも出たがってた！
ドボドボ
そんなに今の生活に不満が？
夜じっくり さかなのいい分を聞いてみることにした
外に出たいっていったのは本当？
……
あのねこに出てけっていったんだよ！
へ？
翌日
へ！ ウソつき
裏切り者！
水槽出たいっていってたじゃん
……

みんな唯一無二
小惑星B612から やってきた王子さま
地球のバラを見て
自分の星のバラの みすぼらしさを嘆いた
「友だちになった きつねがいう 君が 世話したバラは――」
「君にとって 唯一無二だ」
「さよならの日 別れは悲しいけど ぼくらの出会いは」

パタン
「無駄じゃないんだ
ときつねは告げた」
それで？
不時着
怖いでしゅ
B612って
見えるの？
ん？
ところで
ご飯まだ？
あんたら
聞いてないのか
ユキちゃんの
感想は？
……

ユキは
ママにとって
唯一無二のねこ
いつかお別れが
きても　一緒に
過ごした時間は
無駄じゃないのね
ヒクッ
ユキちゃん
どの子も
唯一無二の存在よ

うっとうしい
同居人
キーーッ
?
ど・い・て!
スピー
スーピー
狸寝入り
でしょ!
ママに聞いてみ
狸寝入りよ
シャー シャー シャー シャー シャー
ちっ
ママ
ノリが悪いな
お姉ちゃんを
からかわないの

うっとうしい来客
やあ みんな！
きたよ！
おばちゃん おはよ！
もっとしずかに きなさい
やあハニー！
やあ タマちゃん！
やあモン！
ちわ！
ハル
ミア
ウミ
ユキ
おっはよー！
相変わらず ゴキゲンね

クウちゃん
知ってる?
今 みんなに
会ってきたけど
やっぱり
いっちばん
君が好きさ!
大好きだよ!
クウちゃん
ぼくを見て
今日もきれいだね
帰れ!
うるさいんだよ!
クウちゃーん

クウちゃんに
しつこくするのやめた
そうすればクウちゃんが
ぼくを追いかけるはず

泳がせ作戦は

クウが君を好きなことが前提だよ　ミカン君

犯人は誰だ
チャリ
ただいま
あれ？
ドアが開いてる
ベランダへの通用口
ギ〜
モン
ハル
ミア
ユキ
クウ
全員いる
誰が開けたの？
犯人がいるはず

モン 今日は外寒くない？
←第一容疑者
さかなさんはそんなこといってなかったニャ
あんた 水槽の水飲んだのね？
うん！
ベランダの水槽
タニシもなめたでしゅ
ペロ
……食べたの？
食べニャイ ユキは食べてた
うぇ～ 変な味
ユキちゃん…

ハルはさかなと遊ばないで
日向ぼっこしてた
ミャオ
ミアも寝そべってた
留守中みんな楽しそうだこと
クウは？
クンカ
クンカ
ぼくと柵の外を観察してたでしゅ
どうやってドア開けたの！
ベランダの向こうは崖よ！

・・・
ぼくちん
開けてないでしゅ！
じゃ
開けたの誰？
……
ママでしゅ！
ママが開けた
3匹が唱えれば
嘘も真《まこと》となる

BFの品定め
ポイ
スマホ
財布
カギ
友だちとご飯
食べてくるね
友だちって？
ボーイフレンドよ
BFいたの！
ついてくワンー！
え？
ほらほら！

お久しぶり
ドキン
やあ
イケメンね
ワオ
背も高いし
会話も楽しい
でも愛があるように見えないワン
いったでしょ
友だちだってそれに既婚者よ
じゃあもういい！
帰る！
時間を無駄にしたワン！
勝手についてきて

病院のつきそい
タマを眼科につれていく日
ハニー姉さんがつきそってくれた
短気おこさないでね生きるとは待つことよ
もうちょっと待とう
検査終了　あとはお目目を照らしてみるだけ
フギャー
終了じゃないワンこのあとまだ検査よ
フー
フー
威嚇《いかく》しても検査はされるよ

お外で待っててもらえる？
つきそいになってないから
ほ？
病気を診てくれるお医者さんに
その顔はなに？恥ずかしいワン
シー！ シー！
ブンッ
寄るな！さわるな！
はいはいはい落ち着こう
お手上げだワン
来月 再診よ
疲れた
またつきそったげる！
……

太っちょミカン
外国産のおいしいジャーキーを友人と共同購入しているハルママ
味を間違えたのでミカンママの家に取り換えにいってきた
チキン・ジャーキーよ～
クン
……
これ
ミカンちの匂いがする

ミカン兄ちゃんがくれたの？
ううん 違うわよ
ミカンママにお礼はいったの？
礼儀は大事
うちで買ったものよ 間違ったから交換しただけ
だからお礼はいらないの
じゃミカンちにもジャーキーある？
あるわ ママが共同購入してあげたの

デブなのに まだ食べるんだ
クチャ
クチャ
ママもミカンは デブだって
だって ほんと なんだもん
ミカン兄ちゃんは 食べすぎ
クチャ
丸まるした ミカン
太っちょ 太っちょ
太っちょミカン
丸まるミカン〜
ミカンの母ちゃん に怒られるぞ
おいらにも ジャーキーくれ
お〜デ〜ブ〜
わが家の共通認識
ミカンは
肥えている

イラストレーター：ハルママの役は……

にゃんこに聞きました
落ちこむ
みなさんこんばんは
さて…
本日のテーマは…
落ちこむ
パパママが落ちこんでるときみなさんはどうする?
本日はハルとクウのほか
エヘン
よろしく
2名のゲストをお呼びしてます
ハル
クウ

にゃんこに聞きました
スペシャルゲスト
詩人
著書に『愛とは詩を書くこと』
クウに片思い
ミカン
哲学的
あん摩が得意
人間の教育が上手
クリス
よろしく
クウちゃん好きだよ〜
ミカンさん脱線しないで
ミカン
クリス
落ちこむ
ではまず　こちらの映像から
観ていきましょう
にゃんこに聞きました
質問者　ピピ
ママどうしたの？
大丈夫　落ちこんでるだけ

にゃんこに聞きました
あっそ じゃあね～
慰めてよ～
にゃんこに聞きました
行かないで
どうして人間はいつまでもくよくよしてるの？
みなさんのお家はいかがでしょう？
あなたのママも長い間落ちこんでますか？
まあ 時がたてば立ち直ります
ハル
私は真っ黒だけど白い部分を見つけたわ
ママンも暗闇に光を見つけると思うの
やっぱり人の心がわかる娘だわ
クウ

忘れることさ そうすりゃ 明日は晴れる
明日は君も ぼくを好きになる
ミカンさん 自制して つまみ出すよ
落ちこむのは 頭で考える人間だけ
心という器は あらゆる感情を 入れられる
深い哲理ね
あまり長く 落ちこんでると ママは病気に なりませんか？
そんな心配まで してるの みんな パパママの 心に敏感なのね
にゃんこに 聞きまし
パパママが大好きだから 子どもたちは知りたいの いいことも悪いことも 話してあげてください
元気になったらもちろん もっとおしゃべりを楽しんで
本日もありがとう ございました

Chapter 3

ハルママと新ねこ

雨降って地固まる
ZZZ
ミャッ!
こらこら
多頭飼いの家では
よくある光景
じゃれあいは
気晴らしになるが
待てー
うふふ
あはは
※妄想です
殺るか殺られるか
本気の果たし合い
は血を見ることも
※やはり妄想です

ねこのケンカは日常茶飯事　ただし見きわめることが大切
じゃれあいかエスカレートしそうか
イチャイチャ
ジリジリ
日頃から　爪を切っておきましょう
モン君よちよち
いやでしゅー
薬の備えもあると便利
生理食塩水
止血薬
ケンカのきっかけは主に新ねこの加入食べものの取りあいストレスなど
丸める
逆立つ
倒す
原因をつきとめましょう
あまりに激しいケンカの仲裁は…
フムフム
出番がきたようね
トン

①注意をそらす：
ねこじゃらしで
気を引く
ポカーン？
！
ブン
ブン
ほれほれ
狩猟本能→
無関心を装い
おやつの袋を
開け　音と匂い
で誘惑する
②隔離：10分ほど
引き離し　どちらの
相手もしない
ミャオ
頭を冷やしなさい
ママしゃん～
いけないことをしたと
わからせる
隔離を解いたあと
も　一定時間そっ
けなくする
ねこによって対処の
仕方はさまざまだが
彼らのしもべになって
いては仲裁できない

信頼関係が損なわれそうな子に対しては別室に連れていき
抱っこしてしっかり愛情を示し
どんなに大切で愛しているかを伝える
くちゅぐったい
ねこのケンカに対する私の基本方針は
介入しない　ひいきしない　本能を尊重する……ってことかな

先住ねこvs.新ねこ
母ちゃん　きのう ネットでグレー白の ねこ見てなかった？
里親探してる 保護ねこのこと？
そいつ　わが家に 迎えてやりなよ
えー
家にはもう 5匹もいるのよ
ねこたちを里子に した理由はいろいろ
今回はハルの
助言にしたがい
連れて きちゃった
……
よそ者の 臭いだニャ！
誰よ！
先住ねこが新入りを 嫌うのは自然なこと

話を戻して…
新ねこを家に連れてきたら 先住ねことの顔合わせはあせらないで
①隔離：まずは完全に引き離す　特に ワクチン未接種の新ねこは先住ねこと接触させない
とりあえず あなたの部屋はここ
新ねこの部屋に入るとき　上着を羽織るのもいいわ
cat's room
カチャ
部屋を出るときは脱いで　新ねこの臭いを薄めるの
ママ 行くわよ
少なくとも7～12日かけて次の段階へ

②臭いの交換：タオルや服についた互いの臭いをかがせる
ウミのバスタオル
これはウミの臭いよ
クン
クン
新ねこに対する先住ねこたちの反応はさまざま
現場でインタビューしてみましょう
ウミは新しいお兄ちゃん？
ペロペロ
おいらが呼んだんすよ
不満なし3名
認めニャイ！
子ねこ以外はダメ
反対2名

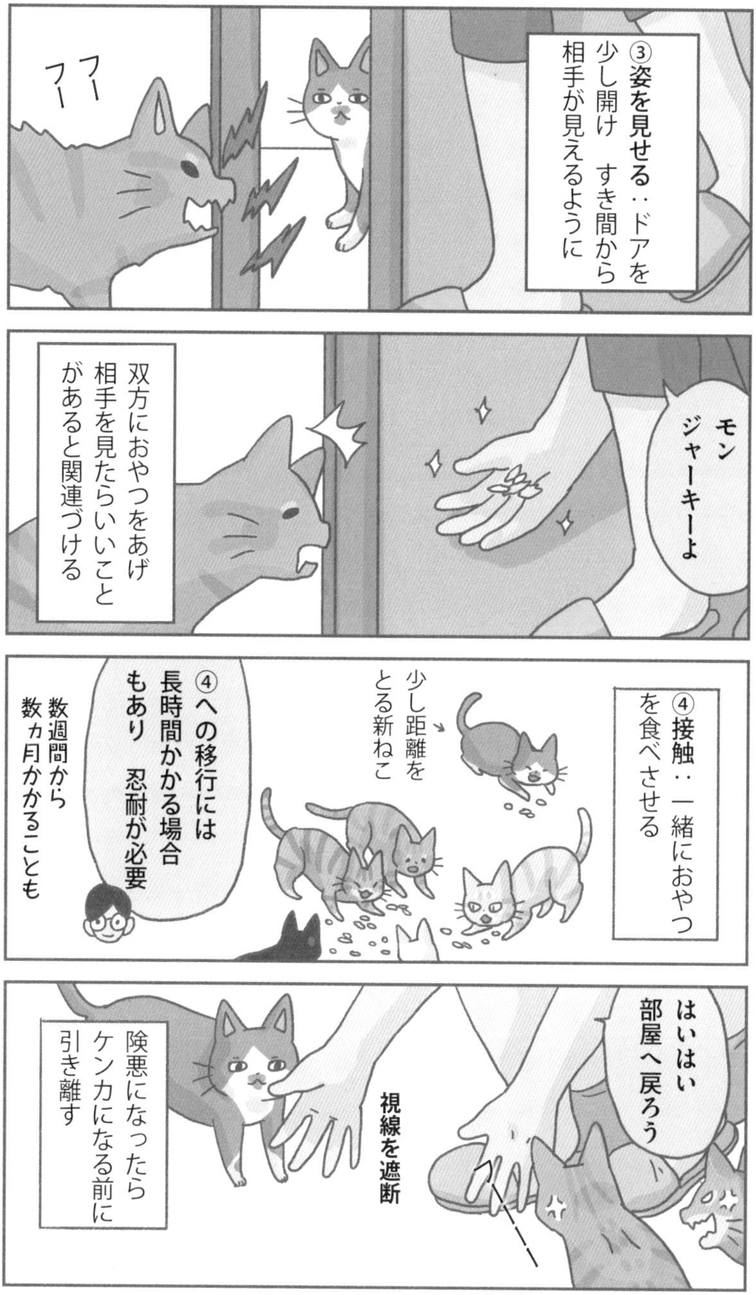
③姿を見せる：ドアを少し開け　すき間から相手が見えるように
フーフー
モンジャーキーよ
双方におやつをあげ相手を見たらいいことがあると関連づける
④接触：一緒におやつを食べさせる
少し距離をとる新ねこ
④への移行には長時間かかる場合もあり　忍耐が必要
数週間から数ヵ月かかることも
はいはい部屋へ戻ろう
視線を遮断
険悪になったらケンカになる前に引き離す

タブー1
いきなり新ねこを先住ねこに会わせる
あの頃は　私もうぶだったわ
タブー2
新ねこを特別扱いする
ウミちゃん いい子でちゅね～
ママを取られたでしゅ！
いい雰囲気のときはそっと見守る
……
もう10分もケンカしないでいるわ
こうして　しだいに平和になり　新ねこは家族の一員となる
しょうがないから ここに置いてやるでしゅ
ああ、ようやく……

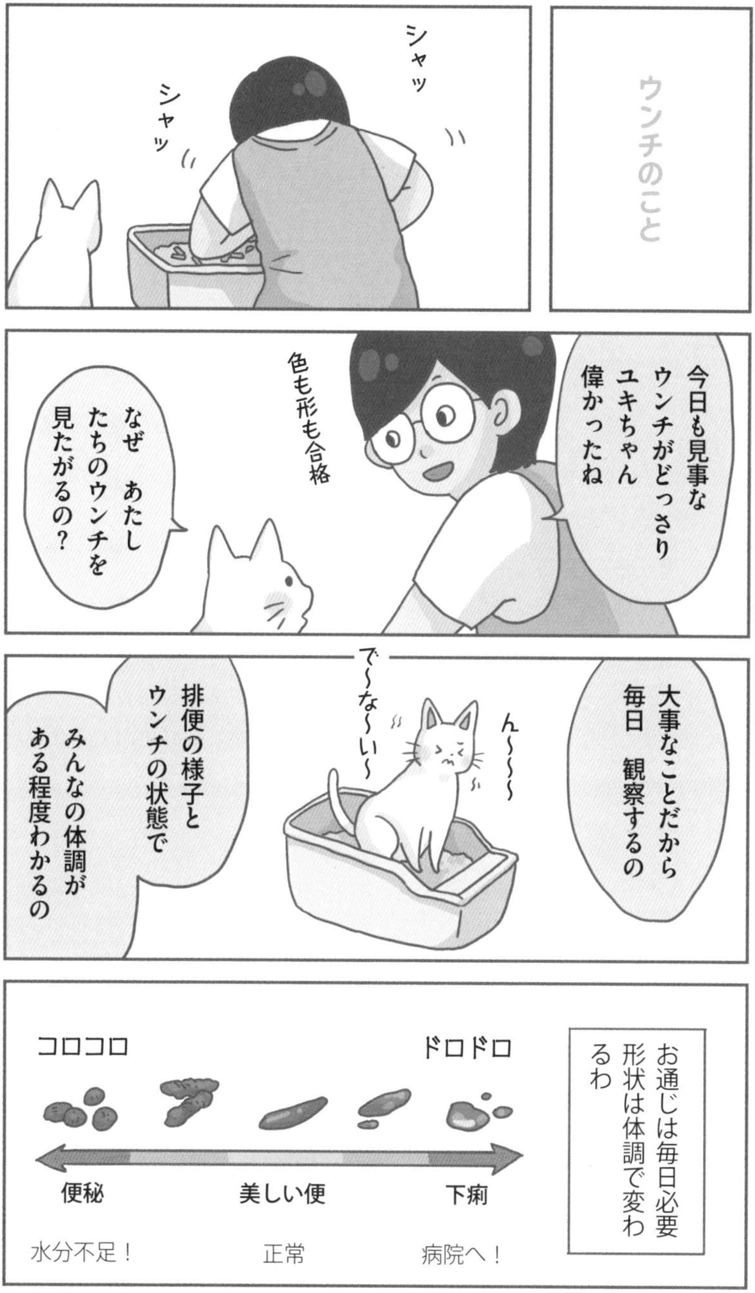
ウンチのこと
シャッ
シャッ
今日も見事な
ウンチがどっさり
ユキちゃん
偉かったね
色も形も合格
なぜ　あたし
たちのウンチを
見たがるの？
大事なことだから
毎日　観察するの
ん〜〜〜
で〜な〜い〜
排便の様子と
ウンチの状態で
みんなの体調が
ある程度わかるの
お通じは毎日必要
形状は体調で変わるわ
コロコロ
ドロドロ
便秘
美しい便
下痢
水分不足！
正常
病院へ！

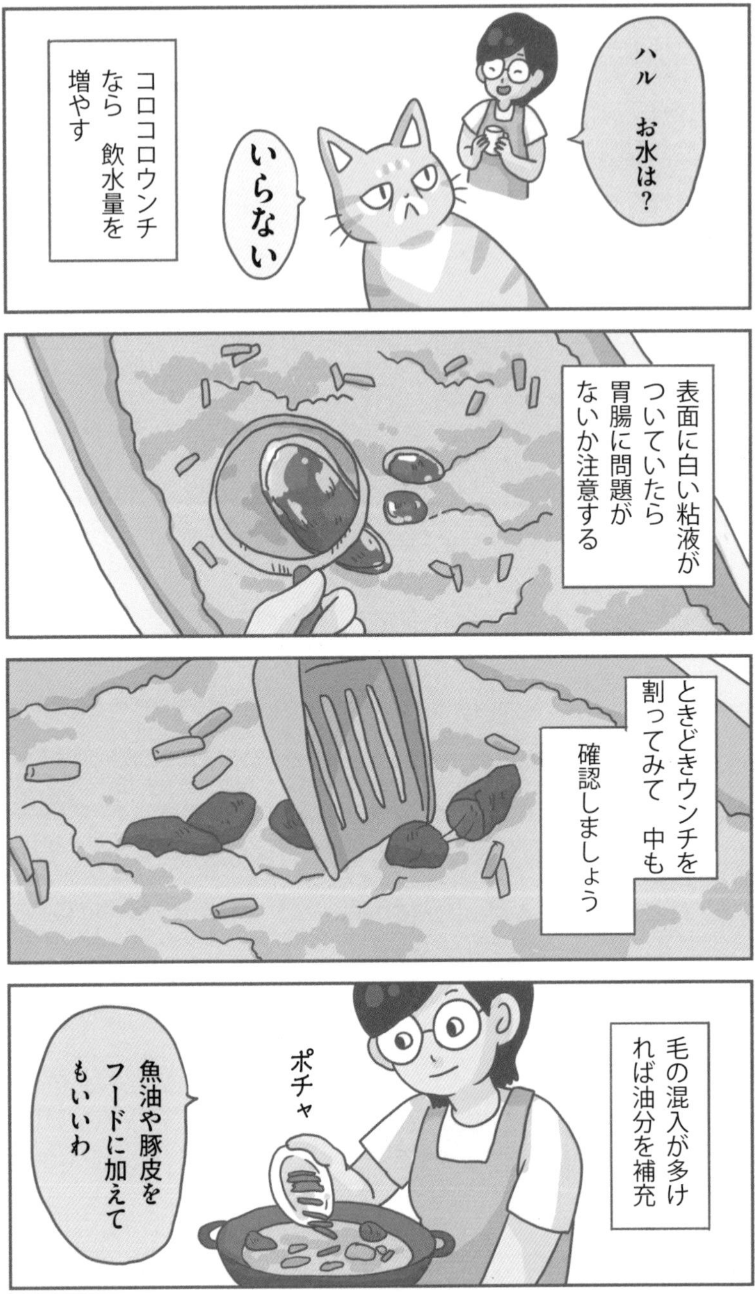
ハル　お水は？
いらない
コロコロウンチなら　飲水量を増やす
表面に白い粘液がついていたら胃腸に問題がないか注意する
ときどきウンチを割ってみて　中も
確認しましょう
毛の混入が多ければ油分を補充
ポチャ
魚油や豚皮をフードに加えてもいいわ

郵 便 は が き

切手をお貼りください。

102-0071

東京都千代田区富士見一―二―十一
KAWADAフラッツ一階

さくら舎 行

住 所	〒 都道府県			
フリガナ		年齢	歳	
氏 名				
		性別	男 女	
TEL	（ ）			
E-Mail				

さくら舎ウェブサイト www.sakurasha.com

愛読者カード

ご購読ありがとうございました。今後の参考とさせていただきますので、ご協力をお願いいたします。また、新刊案内等をお送りさせていただくことがあります。

【1】本のタイトルをお書きください。

【2】この本を何でお知りになりましたか。

1.書店で実物を見て　2.新聞広告(　　　　新聞)

3.書評で(　　　　)　4.図書館・図書室で　5.人にすすめられて

6.インターネット　7.その他(　　　　)

【3】お買い求めになった理由をお聞かせください。

1.タイトルにひかれて　2.テーマやジャンルに興味があるので

3.著者が好きだから　4.カバーデザインがよかったから

5.その他(　　　　)

【4】お買い求めの店名を教えてください。

【5】本書についてのご意見、ご感想をお聞かせください。

●ご記入のご感想を、広告等、本のPRに使わせていただいてもよろしいですか。

□に✓をご記入ください。　□ 実名で可　□ 匿名で可　□ 不可

おちりチェックの時間よ！
ヘンタ〜イ
ふだん　ねこの肛門はきれい
ミアもおちり見せた？
あたちは見せないやらしい
汚れていたら健康的なウンチをしてない証拠
食欲と排泄は動物病院の問診でかならず聞く項目だよ
観察記録をとっておくと　診察や治療の参考になるわ
それから適切なトイレとねこ砂選びも大切ね
あのトイレ使いにくい
気に入らないとねこは別の場所でしてしまうことも

①ねこの好みに合った砂とトイレ‥
木
シリカゲル
おから
紙
鉱物
ほこりが立ちにくく無害で香料のきつくない砂がおすすめ
すのこ付き２層
固まらない砂
単層
固まる砂
トイレの大きさも大事 奥行きはねこの体長の１・５倍以上必要よ
②トイレの数は頭数プラス１個‥いつでもきれいなトイレが使えるし
ばっちい
順番を待たなくてすむでしょ
…
…
…
長いニャ
便秘かちら
ふたつ並べて置くとねこは１個のトイレと認識します

ちっちしたいけど…
おや　なんでしないの？
③カバーなしトイレ：臭気がこもるのを防げるほか　排泄の様子をチェックできる
ここなら恥ずかしくないわ
壁のすみに置けば安心感が増すわ
④食事と排泄の場所は離す：フードボウルをトイレのそばに置かないでね
フン！
トイレ臭いわ
狭い空間では対角線上に置きましょう
⑤掃除はこまめに：理想は　朝晩排泄物除去　週1回砂の全取り換えとトイレ本体の洗浄
保健衛生係
トイレを清潔に保つことは病気の予防につながるわ

とにかく水！
採血
腎臓の値がちょっとよくないな　水分量に注意して
なんでまた
これは多くのパパママがぶつかる問題
一日の水分量は　体重1kgあたり50ml前後
お願いもう少し飲んで
飲むより食べたい
母ちゃんしつこい
あたしもお水きらい〜
味がないでしゅ
ねこたちの意見は完全に一致

なぜ　水を飲みたがらないのか
あたちたちはもともと飲まないのなぜって…
くどくど
勉強になった？
ねこの祖先は砂漠に住んでいたので、水分は肉類から摂り、ほとんど水を飲まなかった
知ってたけど？
ノラは野生動物を食べるけど家ねこはドライフードでしょ
水分
75%以上↑
水分
10%以下↓
この水分量の差は大きいのよ
ミア　勉強になった？
口渇機能が発達してないねこには飲みたくなる工夫をするしかないわね
しゃべったから喉が渇いた
大げさ！

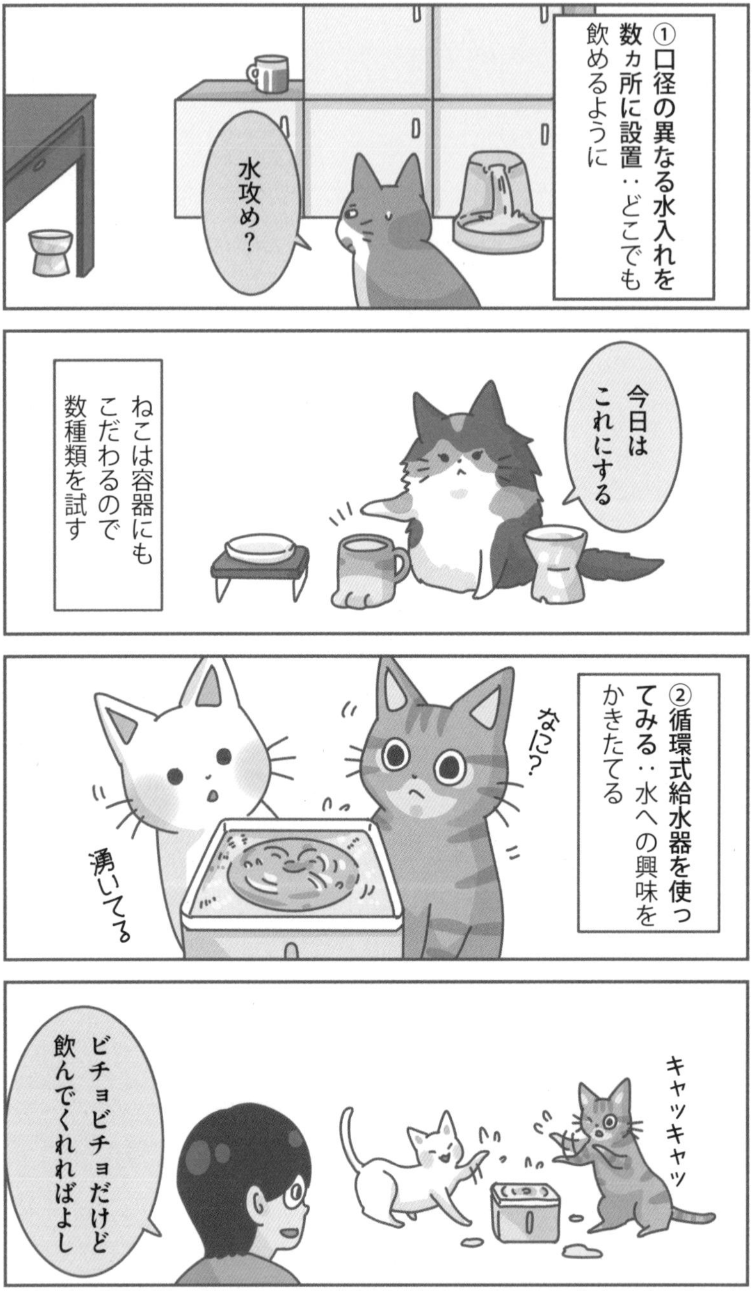
①口径の異なる水入れを数ヵ所に設置：どこでも飲めるように
水攻め？
今日はこれにする
ねこは容器にもこだわるので数種類を試す
②循環式給水器を使ってみる：水への興味をかきたてる
なに？
湧いてる
キャッキャッ
ビチョビチョだけど飲んでくれればよし

③水に香りをつける：水はおいしいと認識させる
さかなの蒸し汁
肉のゆで汁
ねこ草を水入れに浮かべる
塩分のような　ねこに適さない調味料は控えましょう
④缶詰に水を足す：ただしクレーム多し
なんか薄味っすね
姫様たち　そろそろ休憩しましょう
いいものがありますよ〜
⑤液状おやつ：おやつをかねて水分補給ができる
子どもたちの健康はわが家の幸福
とにかくお水！
策略多すぎ

冬の健康5ヵ条
フェッ……クショ！
クション！
本格的に寒くなってきたね
モソモソ
呼吸器が弱いハルのような子は季節の変わり目は鼻水・涙目でたいへん
免疫があったとしても注意してやらないと
ピタ
すきま風が入らないように
①室温は一定に‥大きな温度差が出ないように

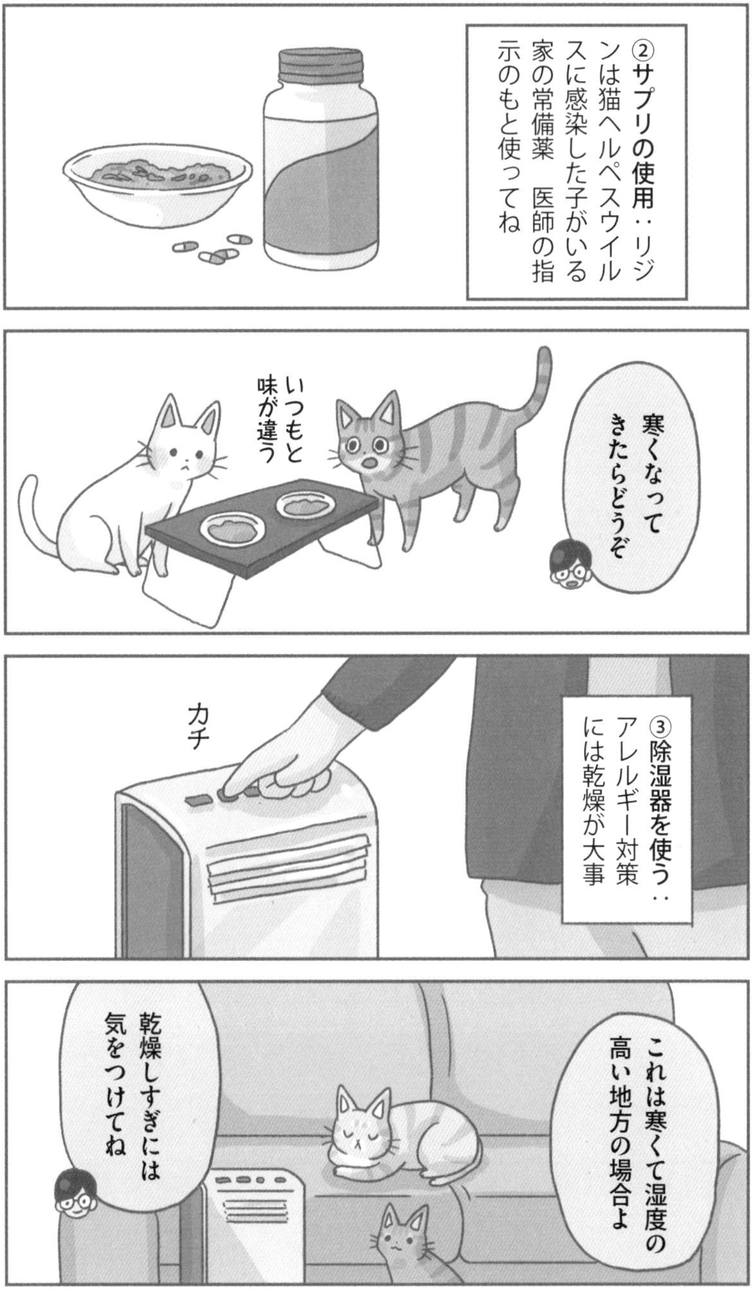
②サプリの使用：リジンは猫ヘルペスウイルスに感染した子がいる家の常備薬　医師の指示のもと使ってね
寒くなってきたらどうぞ
いつもと味が違う
③除湿器を使う：アレルギー対策には乾燥が大事
カチ
これは寒くて湿度の高い地方の場合よ
乾燥しすぎには気をつけてね

④保温：寒くなってきたら保温クッションの用意を
クウ 温かいでしょ？
ママン ありがと
アレルギーが出ないように 布類はいつも清潔にね
ポカポカ
定期的に洗濯すると
ねこの症状がアレルギーか風邪か判別しやすくなるわ
！
ヘクシッ！

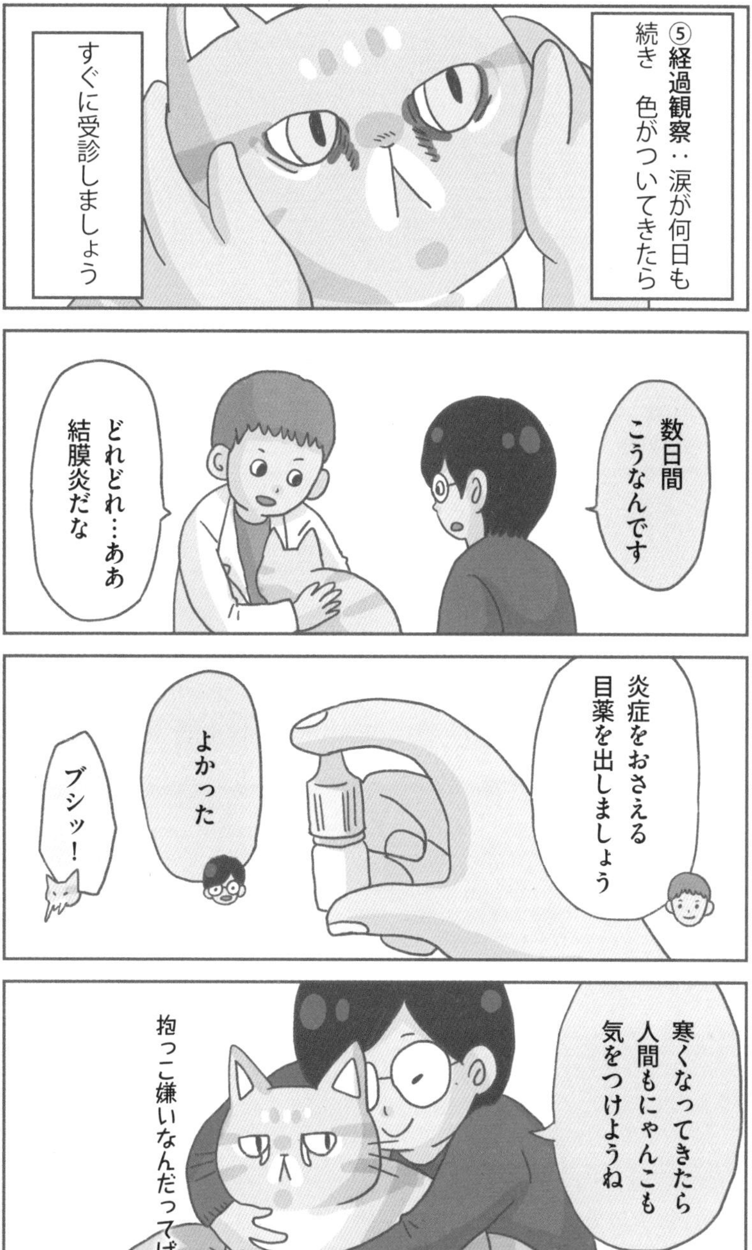

⑤経過観察：涙が何日も続き 色がついてきたら
すぐに受診しましょう
数日間こうなんです
どれどれ…あぁ結膜炎だな
炎症をおさえる目薬を出しましょう
よかった
ブシッ！
寒くなってきたら人間もにゃんこも気をつけようね
抱っこ嫌いなんだってば

奔放な食べっぷり
また　こんなに食べ散らかして
カラスよりひどいわ
もっと上手に食べられない？
おいらが一日
クチャクチャ
お掃除ロボットをやってるっす
フードを食器の外に出して食べる子は多いわね
クチャ
中身がよく見えるんでしゅ
ミアに横取りされないし
食べ散らかしがいやな方は
試してみて～

①大きめの皿にかえてみる：ボウルより食べやすい
ピチャ
ピチャ
鼻ぺちゃ丸顔の子には特に有効よ
これなら顔が入るでしょ
②ランチョンマット：大きさは散らかし方に合わせて
好きなのから食べよ
食べ終わったら洗うだけ　楽ちんよ
ごっつぁんでした

③こぼしたフードをボウルに戻す：
食事中に警戒心をもたない子向け
邪魔をしないように
ん？
④あきらめる：解決できないときは　もっと重要な問題に目を向ける
ゴシ
ゴシ
トイレを覚えないとかからだをなめすぎるとか
にゃんこのかわいい顔を見れば　食べ散らかしなんて
チューして
放ちて！
どうでもよくなるの

顔の大きい子には浅めの皿を

にゃんこに聞きました
ねこは恨みをもつか？
Q
A
にゃんこに聞きました
家のねこは叱るとわざとベッドにおしっこをします
根にもってるんですよね？
そもそも動物は恨みをもつでしょうか？
ねこはもつ！いぬはもたない
あたしたちは平和主義よ〜
そうなの？
ミアさんはどうですか？
怒ってもじきに忘れる
でも嫌な思いはずっと残ってる
ミア

一瞬　ムッと
するだけ
ユキ
みんな　なんで
怒るのかな
あたしボーッとしてる?
人…ねこそれぞれ
のようですね
CALL IN!
視聴者の意見を
聞いてみましょう
こんばんは
聞こえてますか?
にゃんこに聞きました
は…
はい
あなたの場合は?
腹立ったときは
もうママなんか
いらないと思う
にゃんこに聞きました
でもママが
帰ってきたら
全部
忘れちゃう

つまり怒ることは怒るわけね？
ぼくが怒る？
そんなこといつ いったよ！アホ！じゃあな！
プツッ
ありがとうございました
短気な方でしたね ワフッ
私の経験では動物が恨みをもつことはありません
でも憂いや不安を抱きます
怒ったとしてもその場かぎりすぐに忘れてしまいます
ママかな？
カチャ

ママンのいうとおり怒りはすぐに忘れるの
私はそうよ
クウ
あたしたちは理由もなく人を咬《か》んだり引っ掻いたりしないわ
タマ
そうね　動物たちが怒る原因は何か日常生活を振り返るのは大事ね
それから健康診断も欠かせないわ
病気による不調から不機嫌になっている場合もあるから
動物たちが怒るには理由がある
でも仕返ししようなんて考えてない

Chapter 4

お茶三姉妹・大福・チロ

3匹の子ねこ
保護ねこ協会のシェルターが満員になったので
ハルママが3匹を預かった
ミー
ミー
ミー
右からミルク茶
マッ茶
ミャオ!
ウーロン茶
また 預かったんすか?
小っさ! 遊ばない?
まずは隔離
離れて
すぐ遊べるからね

以後　いつも一緒に
じゃれあった
待てー
トテテ
トテテ
逃げてー
お腹すいた～
ご飯～
ご飯～
ご飯～
大合唱だね
よしよし
ご飯も一緒
寝るのも…
ムシャ
ムシャ
ハルに甘えるのも…
ニイニ
ニイニ
ニイニ
なんて
ほほえましい

3匹はとても懐っこい
チューして
クフッ
ヒヤヒヤ
かくれんぼだよー
ヒョイ
愛嬌のあるミルク茶
捕まえてやる~
無理!
おてんばなマッ茶
リュウくんはどこ?
明日電話してみるね
甘えん坊のウーロン茶　私のボーイフレンドが大好き

取っ組みあいが寝る前のルーティン
ドタ
まいったか
バタ
まいらニャん
さあ！
寝ましょ
カチャ
まだ遊ぶ～
ふわぁぁぁ
あい！
それぞれ寝る位置は決まってた

パパママ探し
ストレス？ある日突然ハルの嘔吐が止まらなくなった
膵炎《すいえん》ですね入院したほうがいい
ゲッソリ
なんと…
うう…ハル…
私のせいだわ
ニイニどうしたの？
クスン…こうなったら
早く3匹の里親を探さないと全員の世話がおろそかになる

それから懸命に三姉妹のパパママ探しを始めた
かまってあげられなくてごめん
母ちゃんを許して
ミルク茶ちゃんよ
君の兄さんのミカンだよ
ミカン家の子となりポンカンに改名した
新しいパパママが大好きになった
パパ！
風邪ひくよ！
ねんねも
ご飯も
遊びも
ミカンもポンカンをかわいがった

マッ茶はトラの家の
里子になり　ウメと
呼ばれた
妹がふたりに
なったわ
あっち食べる
ウメのは
そっち
元気だこと
散らかさ
ないでよ！
何度いったら
わかるの！
トラも一緒に
なって…
新しい家でも
やんちゃな
ウメちゃん

ボーイフレンドと
ウーロン茶は相思相愛
片時も離れなかった
いつもいつも
いつも
ふたりは一緒
兄ちゃん
治ったの？
退院
病人はたくさん
食べないと
まんまが
ついてるよ
聞いてるの？
クスクス
こんな
日々が続いたら
どんなに幸せ
だったろう

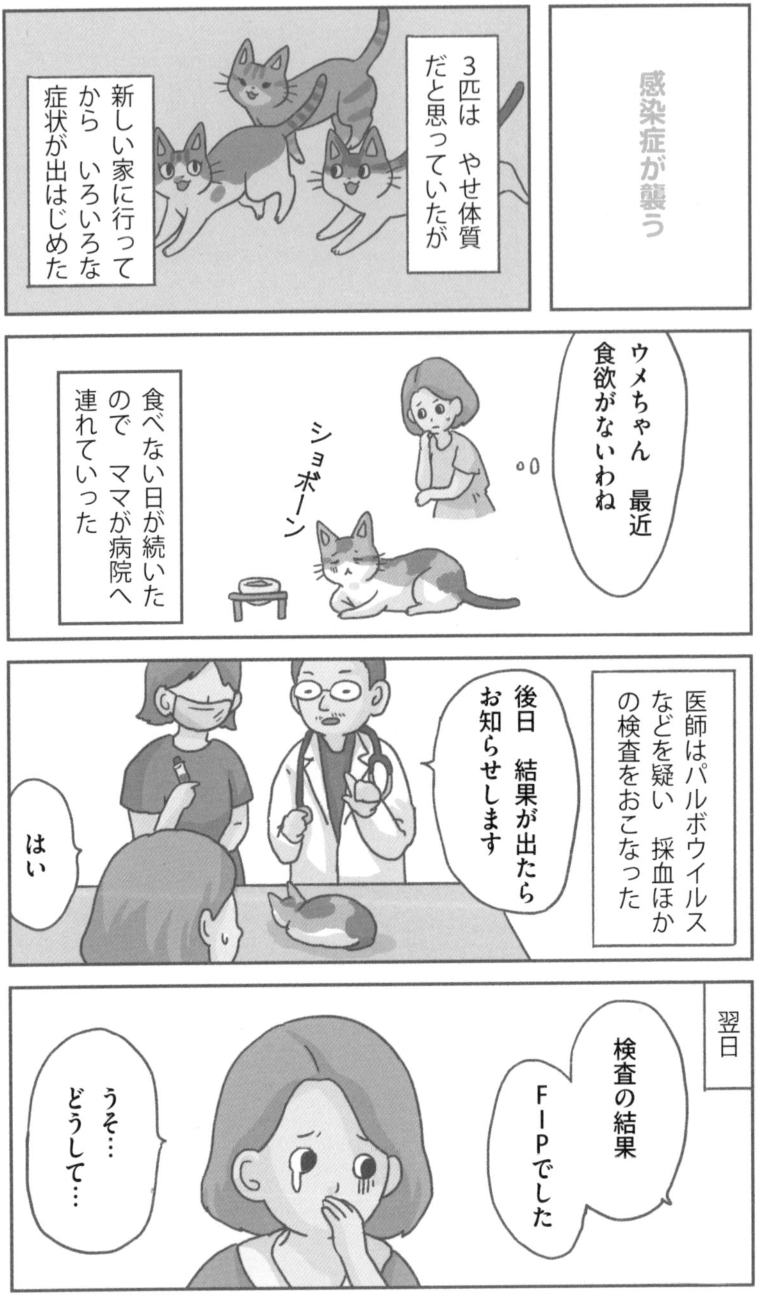
感染症が襲う
3匹は　やせ体質だと思っていたが
新しい家に行ってから　いろいろな症状が出はじめた
ウメちゃん　最近食欲がないわね
ショボーン
食べない日が続いたので　ママが病院へ連れていった
医師はパルボウイルスなどを疑い　採血ほかの検査をおこなった
後日　結果が出たらお知らせします
はい
翌日
検査の結果FIPでした
うそ…どうして…

FIP（猫伝染性腹膜炎）の宣告は　パパママを打ちのめす
FIP
致死率ほぼ100％の恐ろしい病気なのだ
主な症状は発熱　食欲不振　嘔吐　下痢など
治癒率がきわめて低く苦痛を軽減する緩和ケアが中心となる
FIP
ほかの子に感染を拡大させないよう　厳密に隔離することが重要だ
ワクチン接種　栄養バランスのよい食事　清潔な生活環境
QOL（生活の質）の維持が最善のFIP予防策

宣告を受けてから
ママとウメは
がんばった
おむつ換えて
さっぱりしましょ
ウメ　ひとりじゃ
ないよ　きっとよく
なるからね
ウメのこわばった
からだをママはやさ
しくマッサージした
そんなある日　ママが
家に戻ると　ウメが
ひきつけていた
しっかりして
ウメ！　ウメ！
病院に行こう
ママの帰宅を待って
いたウメは　ママの
胸で息絶えた

ほどなくポンカンも発病して入院
パパが会いにきたよ
いつも一緒だよ
出張中のママはFIPの情報を検索しまくった
ポンカンママを待っててちょうだい
回復した例もあるのね漢方はどうかしら
容体は深刻です感染力が強いので面会も控えたほうが…覚悟しておいてください
ヒクッ
せめて明日お別れできませんか？

翌日
それはポンカン
との最後の日
ポンカン
ミャア
ポンカン
マ…マ
最後に細い細い
手を伸ばし…
旅立った

永遠に家族だよ
潜伏期間を経て
ウーロン茶もまた…
FIPが判明すると
ただちにウーロンを
別室に隔離
部屋の出入りのたびに
全身を消毒した
シュッ
シュッ
ドアの開閉には
タオルを使い
部屋の内外を毎日
漂白剤やアルコールで除菌
ほかにも多くの
ねこがいるので
気が抜けない
排泄物は家の中を
通さず 窓から
直接 外に出す

ウーロン
気分はどうだい？
元気になったら
また遊ぼうな
発病後は毎日
強制給餌となった
やだー
いい子だね
ひと口だけでも…
口内炎がひどく
歯ぐきに触れる
だけで出血した
元気になる
ためだよ
ペロ
食欲増進剤を与え
ているが　効果が
ない日もある

前の…
家に帰りたい…
前の家？　協会のシェルターってこと？
どうして？
返して
ねぇ
帰る
早く…
この2ヵ月ウーロンは悪化する一方だった

帰してってば…
この家で死ぬのいや…
そんなこと考えてたの
ウーロンの願いに折れとうとう保護協会に返すことにした
ウーロン
きっとまた迎えにくるからね
その夜　寝返りを打つばかりで寝つけなかった

ミアはいつ
ウーロンの定位置
にきたのだろう
ウーロン…
戻ってきたの？
どこへ行くの？
翌朝
ウーロン死去の
知らせが届いた

みんなが旅立ってからも
私たちは今この瞬間を生きる練習を続けています
ミルク茶　マッ茶
ウーロン茶
出会ってくれて
ありがとう
永遠に家族だよ

ノラねこチロ
チロはノラねこ だった　でも
ばあば　パパ　おばちゃん　お姉ちゃん …多くの家族がいた
なかでも大きい兄ちゃん
大きい兄ちゃん！
大好き
すてきな兄ちゃん
兄ちゃんを呼んで！一緒にお散歩したい
了解
チロが出てくればいいだけよ

チロ!
ヒョッコリ
うちの弟　ほんとにチロと散歩にいったわ
人間のデートそっくり
ハハハ
今度　デートの様子を写して公開しよう

けれども
その夜の
緊急電話が
チロの物語の
最終章となった
ジーコ
ジーコ
チロ！
これはまずいわ
彼に連絡
とらないと
なんとか
助かって
ブル
い…
痛い…
ブル

心配ないから
大きい兄ちゃんが
すぐに病院へ
運んでくれるから
口中の強烈な酸味
吐き気
ズキズキする
目の痛み
これは絶対に
偶然の事故
なんかじゃない
待って！
ひどく
吐いてる
ゲー
止まろう！
兄ちゃん
抱っこ
ポンポンなでて…

虹の橋へ
チロ
チロ
みんないるよ
ハア
ハア
何か
できることは
ない？
そうだ　彼が昔
飼ってたねこの
力を借りよう

怖くないよ
ぼくが道案内してあげる
チロはしだいに落ち着いた
コト
いってしまった

ぼくの家だよ
入ってみるかい？

チロは　どこに
でもいるノラ
でも　この家族に
とっては　特別な
ねこだった
街の片隅で
懸命に生きて
いただけなのに
迫害されたチロ
ノラに対する
感情は人それぞれ
嫌ってもいい
でも傷つけないで

2年後
ヒョッコリ
……
トトト
おまえは…
チロ?
そうよ!
ただいま!
そういってる
みたいだった

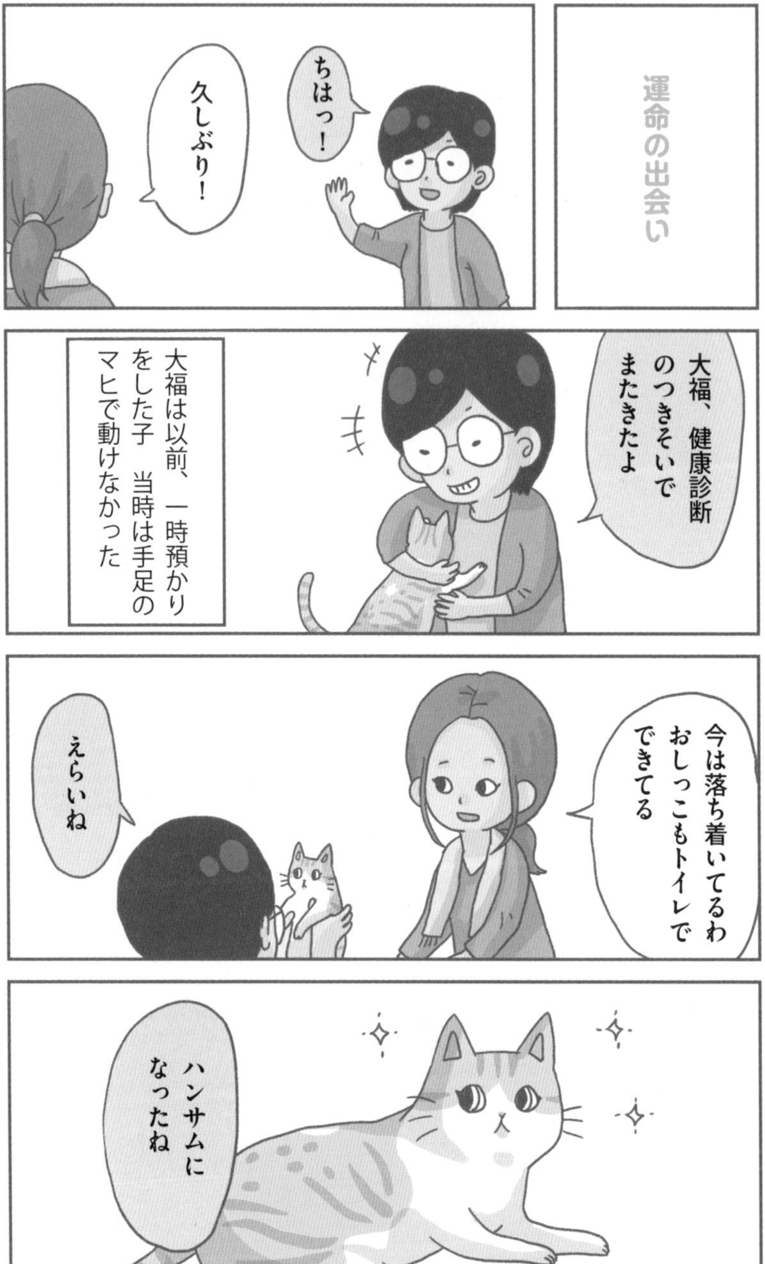
運命の出会い
ちはっ！
久しぶり！
大福、健康診断のつきそいでまたきたよ
大福は以前、一時預かりをした子　当時は手足のマヒで動けなかった
今は落ち着いてるわ　おしっこもトイレでできてる
えらいね
ハンサムになったね

数年前
交通事故にあった大福は　何も食べられず
瞳孔も反応がなく点滴で命をつないでいた
このままだと安楽死しかないって先生が…
そんな…
病院で安楽死させるくらいなら家庭で数日でも
世話して見送ってやりたいな
大福にどれだけ生きる気力が残ってるか…
私と家に帰るなら
ひと口でも食べるのよ

感動〜
いい子だね！
大福を家で看ることに決めた
四肢マヒの大福は頭を上げることもご飯を食べることもできない
からだをよじって移動するだけ
お！
お布団の上まで這ってきてチッチしたのね？
がんばったねぇ
大福と話ができたら家に連れてきたわけを伝えるのに
そしたら安心するだろうな
話したいことがたくさんあった
大福の願いも聞きたかった
その思いが　私をアニマル・コミュニケーションの勉強へとかりたてた

ほんとのことを
教えて
大福の介護はさまざまな困難に直面したが　とうとう奇跡的な回復をし元気に跳ね回れるまでになった
自力でのぼった
大したねこだわ！マヒがあったなんて思えない
ほかの子たちともふつうに遊べる
新入り？
ぼく大福
とくにウーロン茶とミアと大福
3匹の子ねこはいい遊び友だち

当時　わが家には預かりをふくめ8匹もおりハルはストレスから急性膵炎となった
早く子ねこたちの里親を探してリラックスさせないと
不幸にもウーロンと先に里親が見つかった姉妹はFIPを発症
どうしてウーロンはお部屋にこもってるの？
あのね病気になっちゃったから　今はみんなと遊べないの
よくなったらまた遊んであげてね
わかったまたウーロンと会えるよね？
もちろん会えるわよ

大福がお世話になります
大福も　トライアルで里親希望者に預けることとなった
その晩
は？
大福が脱走？　換気ダクトに潜りこんで出てこない？
大福は何日も籠城しつづけた　当時駆け出しアニマル・コミュニケーターだった私は説得につとめたが
やだね　ほんとのことを教えてくれるまで出ない
ウーロンがよくなったら一緒に遊べるっていったじゃないか
どうして会えないのさ？　ウーロンはどこ行ったの？

大福
悪かったわ
正直に　お話し
してなかったね
新しいお家に行けば
そのうち忘れると
思ったの
ウーロンは重い病気
だったから　みんな
と会えなかったの
わざと引き離した
んじゃないのよ
今はお空に帰ってね
もうどこも痛くなく
なったの
さあ　みんな
心配してる
出てらっしゃい
……
わかった…

心のうちが
わかるまで
このたびはご心配
かけました　ひと
まず連れ帰ります
大福　ごめんね
あなたの心とちゃんと
向きあってなかった
ぼくも
ごめんなさい
なんで隠れてるか
ハルママに説明
するべきだよ
もう降りておいで
気をつけて
ぼくには怖いことが
いっぱいあってさ
たとえば？

キーーーー
ハルママも仮ママも怖かった　ぼくを轢《ひ》いた人に似てるから
チェッ　なんか轢いちまったかな
人類というくくりではそうかもね（苦笑）
でも　ほかの子はハルママを慕ってて一緒に寝てるし
……
ぼくが知ってる人間とちがうと思った
ハルママはぼくにもやさしくて　困ったぼくはベッドにおしっこしてみた
わざと　私のベッドでしたわけ？

君は　自分がみんなと
同じように扱われない
と思ってたの？
鈍感だったわ　大福の
心がわからなかった
それからね…
それから？
ぼくはハルママが好き
でも言えなかった
ハルママのせいだ
そうね　そうね
大福はいい子　全部
私が悪かった
ヒャー
しあわせ

新しいお家へ行くべきってわかってる
ハルママと離れるのだけが　やだ
じゃあ　新しいお家へ行くと決めたのね？
うん
たくさんお話ししてくれてありがと　かわいい大福今夜は一緒にねんねしよう
こうして大福は家とママをもった
かならずかわいがります

気がかりは つきない
あれ 大福ママ? こんな遅くになんだろ
こんばんは 大福は 落ち着いた?
ええ だいぶ ただ ベッドでおしっこを
はあ? またベッドで してるの?
通訳中
大福 新しいお家には慣れた?
あんまり ご飯もいまいちだし
ときどきママの帰りが 遅いから不安になる
ベッドでおしっこ してるんだって?
夜 ママを呼んでも かまってくれない からだよ
ママは寝てるの

朝はお腹ペコペコなのに　寝ててご飯くれない
ティッシュの箱も隠されちゃったつまんない
ママだってがんばってるのよ　気に入らないからって　ベッドでおしっこはダメよ
……
ママを試してるんだい
怒ってぼくを捨てるか許してくれるか

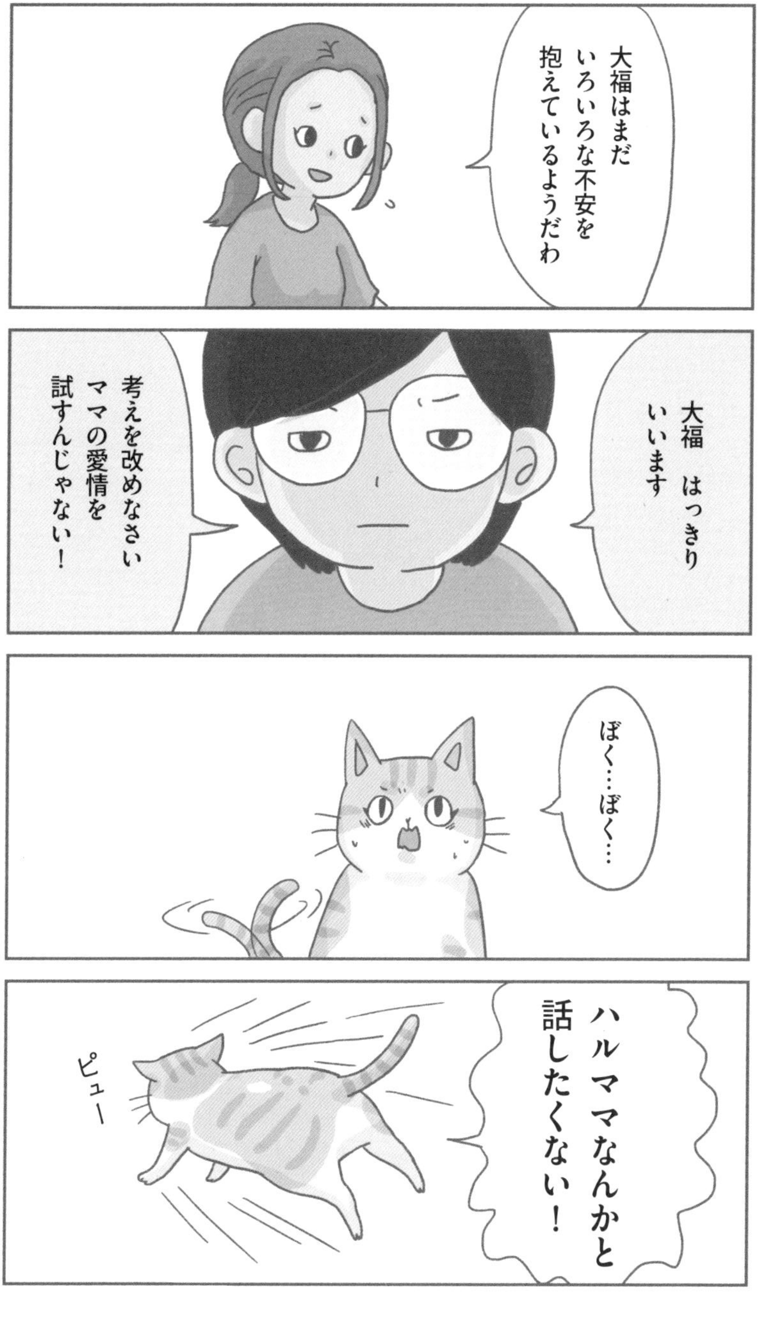
大福はまだ
いろいろな不安を
抱えているようだわ
大福　はっきり
いいます
考えを改めなさい
ママの愛情を
試すんじゃない！
ぼく…ぼく…
ハルママなんかと
話したくない！
ピュー

憎まれ口をきいていた大福だが　おしっこ問題は大いに改善した
大福
えらいね　大好きよ
ふん　ぼくは　それほどでも
ああ　それから　ノラ時代　ぼくは　弟と暮らしてた
また　弟と　暮らしたい
弟を探しだすのは不可能だったので　ママは大福のために妹ねこを迎え入れた
ニャオ
動物も人間同様　いろいろな思いを抱えている
人間の要求を伝え　従わせるのではなく　彼らの声に耳を傾けることがアニマル・コミュニケーターの意義だと思うわ

ハル　生きていくのも
たいへんだわね？

母ちゃんの教育よりは
楽じゃん？

会話が続かない

#ハルの辞書に手加減はなし

にゃんこに聞きました
人間の“注意”
人間と生活したことはありますか？
動物同士の生活とどこが違う？
にゃんこに聞きました
輪ゴムは食べちゃだめ
なんで？
だめなものはだめ！
人間はルームメイトの自由を尊重するけど
動物には自分に合わせろと要求する

壁を引っ掻くなとか
食べこぼすなとか
人間の注意を
どう思います
ハルさん？
ハル
ほとんどのことは
人間の都合っすよね
ねこファースト
じゃない
人間の注意は
たいくつ
時間の浪費
ウミ
ほんとに
大事なことなら
ねこも　わかる
タマ
だから　にゃんこに
注意するより
注意しない環境を
つくるほうが
共同生活は
うまくいくよね？

たとえば
こまごましたもの
糸くず
輪ゴム
文具
装飾品
ねこに食べるなと
いう前に人間が
片づけるとか
危ないからね
人間は動物にどんな
ルームメイトで
いてほしいのか
話しあってみましょう
あたしたちが嫌だと
思うことをいわない？
そのほうが公平で
しょ？
クウ
確かに
じゃあ　ママに
直してほしいことも
いってみて
ないわ
抱っこしてほしい
ときしてくれるから
ママ最高
今だってママは
抱っこしたいのよ

人間同士でさえ わかりあうのに
時間がかかるの だから 動物たち とは なおさら
ぼくはママが 大しゅきなのに
ときどき うっかり 咬《か》んじゃうニャ
ごめんなしゃい
平気よ わかってるから
あたしはママの 言葉に従うの 大好き
にゃんこも そうでしょ
よろしい 人間と動物は
少しずつ理解を 深めあっていい ルームメイトに
なるんだワン

おわりに

私と保護ねこたちのコミックも3作目になりました。はじめ飼育初心者だった私は、動物たちと暮らしはじめてから、変わったことがあります。どんな祝日も、私にとっては、いつもと同じ平凡な一日になったのです。

朝起きて、それぞれの子に適したご飯を用意し、薬を飲ませ、トイレを片づけながら便や尿をチェックし、遊びの相手をする。午後のコーヒーを飲んだらまたトイレ掃除をし、いぬと散歩にいき、夕ご飯のしたくをして、モフモフに顔をうずめてイチャイチャｅｔｃ……合間に仕事をこなしながら、これらのくり返しです。

平凡な一日の中には、子どもたちの病気とのつきあいも入っています。

たとえば、慢性腎臓病はねこに多い病気です。予防のためには、つねに水分やたんぱく質の摂取量に気を配らなければなりません。わが家でいちばん新しい養女のタマは、引き取ったとき、すでにステージⅡ、多飲多尿の症状を呈し、結石ができていて、体重が減る一方でした。

最初のころ、私はわが子に病名が告げられるたび、予想外のことにショックを受け、落ちこんでいました。でも今では、動物たちと暮らす以上、病気は避けて通れないもの、予防や闘病、病院通いもまた、生活の一部なのだと受け入れるようになりました。ハルをはじめ、動物たち自身が私に教えてくれたことです。

いずれ彼/彼女らの老いを見つめることも、日常生活の一部になるのでしょう。

わが家は現在、ねこ7匹、いぬ1匹の大所帯。この先、このメンバーで平凡に健《すこ》やかに暮らしていけることを祈りますが、どうなりますやら。

春花《ハル》ママ

【著訳者略歴】

春花ママ（ハルママ）

７匹のねこ、１匹のいぬと暮らす。ほかにも預かりねこ多数。彼らのために転居・転職をし、日々、勉学にいそしみ、趣味はねこご飯・いぬご飯づくり……と、もっぱらねこいぬ中心の生活を送っている。動物のことばを解し、台湾でアニマル・コミュニケーターをしている。

ジョジー

イラストレーター、デザイナーにして、ねこお坊ちゃまの世話係（かなりM）。動物との暮らしは悲喜こもごもだが、発見と学びの毎日に幸せを感じている。

瀬川千秋（せがわ・ちあき）：訳

中国文化を中心に著述・翻訳を行う。著書にはサントリー学芸賞を受賞した『闘蟋《とうしつ》――中国のコオロギ文化』や『中国 虫の奇聞録』（以上、大修館書店）、訳書には『ねことハルママ１・２』（さくら舎）、『マンガ 仏教の思想』（蔡志忠・大和書房）、『わが父魯迅』（周海嬰・集英社：共訳）などがある。保護いぬと暮らす。

保護《ほご》ねこ物語《ものがたり》
モン・ハル・クウ・ミア・ユキ・ウミ・タマとの日々《ひび》

2020年4月13日第1刷発行

著者　春花ママ＋ジョジー
訳者　瀬川千秋
発行者　古屋信吾
発行所　株式会社さくら舎　http://www.sakurasha.com
〒102-0071　東京都千代田区富士見1-2-11
電話（営業）03-5211-6533
電話（編集）03-5211-6480
FAX　03-5211-6481　振替 00190-8-402060
装丁　アルビレオ
本文組版　有限会社マーリンクレイン
印刷・製本　中央精版印刷株式会社

ISBN978-4-86581-244-2

まめねこ～まめねこ10発売中!!

1～8 1000円(+税)　　9～10 1100円(+税)

定価は変更することがあります。